建筑装饰设计收费标准

2014 年版

中国建筑装饰协会　编

中国建筑工业出版社

图书在版编目（CIP）数据

建筑装饰设计收费标准/中国建筑装饰协会编．—北京：中国建筑工业出版社，2014.11（2023.6重印）
ISBN 978-7-112-17439-3

Ⅰ.①建… Ⅱ.①中… Ⅲ.①建筑装饰-建筑设计-费用-标准-中国 Ⅳ.①TU723.3-65

中国版本图书馆CIP数据核字（2014）第253900号

* * *

责任编辑：唐 旭 杨 晓
责任设计：张 颖 刘 钰

建筑装饰设计收费标准
2014年版
中国建筑装饰协会 编

*

中国建筑工业出版社出版、发行（北京海淀三里河路9号）
各地新华书店、建筑书店经销
北京红光制版公司制版
建工社（河北）印刷有限公司印刷

*

开本：787×1092毫米 1/16 印张：1¾ 字数：43千字
2014年12月第一版 2023年6月第九次印刷
定价：**25.00**元

ISBN 978-7-112-17439-3
（26216）

版权所有 翻印必究
如有印装质量问题，可寄本社退换
（邮政编码 100037）

《建筑装饰设计收费标准》编写单位及个人

主编单位： 中国建筑装饰协会

参编单位： 苏州金螳螂建筑装饰股份有限公司
浙江亚厦装饰股份有限公司
深圳广田装饰集团股份有限公司
北京清尚建筑装饰工程有限公司
深圳市建筑装饰（集团）有限公司
中建装饰设计研究院有限公司
上海现代建筑装饰环境设计研究院有限公司
德才装饰股份有限公司
北京弘高建筑装饰工程设计有限公司
北京筑邦装饰工程有限公司
上海新丽装饰工程有限公司
重庆港庆建筑装饰有限公司
深圳新科特种装饰工程公司
中国建筑装饰协会设计委员会

编写顾问： 李秉仁　刘晓一

主编人员： 吴　晞　李中卓　刘　原　单　波

参编人员： 王　铁　孟建国　丁域庆　姜　樱　肖　平
朱　飚　凌　惠　沈立东　王传顺　黄　磊
张　磊　周栋良

中国建筑装饰协会关于发布《建筑装饰设计收费标准》的通知

（2014年12月10日）

各省、自治区、直辖市建筑装饰协会，解放军建筑装饰协会，各有关单位：

为进一步完善建筑装饰设计收费标准，规范建筑装饰设计收费行为，中国建筑装饰协会在参照原国家发展计划委员会和原建设部共同编制的《工程勘察设计收费标准（2002年修订本）》以及在进行了大量调研工作的基础上，经过专家组深入的讨论、研究，制定了《建筑装饰设计收费标准》（以下简称《标准》），现予以发布，自2014年12月10日起施行。

在本《标准》施行前，已完成工程设计合同工作量50％以上的，设计收费仍按原合同执行；已完成工程设计合同工作量不足50％的，设计收费由发包人与设计人按实际完成的工作量，经双方协商后确定。

中国建筑装饰协会

2014年12月10日

编 制 说 明

1. 中国建筑装饰行业经过30年的发展，从计划经济时比较粗放的管理到目前企业完全与市场接轨，建筑装饰设计也从行业起步早期对建筑的室内外美化设计发展到对建筑工程的二次设计。建筑装饰设计的工作还涉及建筑、结构、给排水、暖通空调、电气等不同专业，更重要的是建筑装饰设计完成了对建筑艺术的再创作。一大批在业界具有影响力的设计师以他们出色的工作业绩，在促进中国新型城镇化建设的大潮中，显示了他们的才华和创造力。自20世纪80年代，由原建设部下发了建设工程室内设计专项资质及后来的设计施工一体化资质之后，一个相对独立的、专业设计工作任务更加明确的、以建筑装饰设计为标的、独立承接建筑装饰设计项目的行业已经形成。为此，由中国建筑装饰协会牵头，编制了本《建筑装饰设计收费标准》。

2. 由原国家发展计划委员会和原建设部共同制定的《工程勘察设计收费标准（2002年修订本）》（以下简《02标准》）是长期以来政府主管部门指导我国工程勘察设计收费的唯一文件。在延续使用十余年之后，因市场条件的变化、技术的进步更新、物价和人力资源成本的上涨，《02标准》亟待修订和完善。由于《02标准》对建筑装饰设计条款的描述简单、分类不全、套用等级不准确，导致建筑装饰设计项目在使用《02标准》时，甲、乙双方对计价确认的差距较大。但是，《02标准》的科学体系仍应继续维持，本《标准》中“按建筑装饰工程造价收费的标准”细化了《02标准》的计算方法。

3. 长期以来一些建筑装饰设计的发包人和设计人均认为，建筑装饰设计按不同类型空间的使用功能和专业化程度，可按建筑装饰工程设计面积计算设计费单价。特别是在非政府投资的项目中，按不同档次和类型的建筑装饰工程设计面积计算设计费报价已经被广泛采用。在实际工作中，这是一种简便易行的定价方法。因此，本《标准》中“按建筑装饰工程设计面积收费的标准”是在对全国具有相关设计资质的企业进行调研后，制订的以建筑装饰工程设计面积计算单位报价的方法。

4. 名词解释：《标准》所指的建筑装饰为室内装修、室内装饰、建筑外观等相关设计内容。

建筑装饰工程设计面积是指涉及建筑装饰的建筑面积。

5. 在此次编制《建筑装饰设计收费标准》的过程中，以下单位给予了大力支持：

北京清尚建筑装饰工程有限公司；

北京筑邦建筑装饰工程有限公司；

中建装饰设计研究院有限公司；

北京弘高建筑装饰工程设计有限公司

北京业之峰诺华装饰股份有限公司；

金螳螂建筑装饰股份有限公司；

江苏信达装饰工程有限公司；

浙江亚厦装饰股份有限公司；

上海现代建筑装饰环境设计研究院有限公司；

上海新丽装饰工程有限公司；

深圳广田装饰集团股份有限公司

深圳市晶宫设计装饰工程有限公司；

深圳市建筑装饰（集团）有限公司；

深圳市鹏润装饰工程有限公司；

深圳市中孚泰文化建筑建设股份有限公司；

青岛德才装饰股份有限公司；

青岛海尔家居集成股份有限公司；

青岛东亚建筑装饰有限公司；

厦门辉煌装修工程有限公司；

合肥浦发建筑装饰工程有限责任公司。

在此特别感谢。

中国建筑装饰协会

2014年12月

建筑装饰设计收费管理规定

第一条 为了规范建筑装饰设计收费行为，维护发包人和设计人的合法权益，根据《中华人民共和国价格法》以及有关法律、法规，参照《工程勘察设计收费标准(2002年修订本)》制定本规定及《建筑装饰设计收费标准》。

第二条 本规定及《建筑装饰设计收费标准》，适用于中华人民共和国境内建筑装饰工程的设计收费。

第三条 《建筑装饰设计收费标准》是对建筑装饰设计行业收费依据的补充和完善。使用《建筑装饰设计收费标准》的设计机构，应具有中华人民共和国住房和城乡建设部颁发的建筑行业(建筑工程设计)甲级、建筑装饰工程设计专项甲级、建筑装饰工程设计与施工(一体化)一级资质。上述具有设计资质的企业在与发包人独立签订合同时，可选择按建筑装饰工程造价收费的标准，也可选择按建筑装饰工程设计面积收费的标准。在设计施工一体化资质企业和具有设计资质的施工企业与发包人签订的合同中，在既有设计任务，也有施工任务时，设计与施工工程应分别签约。其他资质等级的设计企业可参照本规定和《建筑装饰设计收费标准》执行。

第四条 建筑装饰工程设计的发包与承包应当遵循公开、公平、公正、自愿和诚实信用的原则。依据《中华人民共和国招标投标法》和《建设工程勘察设计管理条例》，发包人有权自主选择设计人，设计人自主决定是否接受委托。

第五条 发包人和设计人应当遵守国家有关价格法律、法规的规定，维护正常的价格秩序。

第六条 实行按工程造价收费标准的建筑装饰设计收费，其基准价应根据《建筑装饰设计收费标准》中“按建筑装饰工程造价收费的标准”计算；实行按设计面积收费标准的建筑装饰设计收费，应按《建筑装饰设计收费标准》中“按建筑装饰工程设计面积收费的标准”计算。除本规定第七条另有规定者外，浮动幅度为上下20%。发包人和设计人应当根据工程项目的实际情况在规定的浮动幅度内协商确定收费额。

第七条 建筑装饰设计收费应当体现优质优价的原则。凡在工程设计中采用新技术、新工艺、新设备、新材料，有利于提高建设项目经济效益、环境效益和社会效益的，发包人和设计人可以在上浮30%的幅度内协商确定收费额。

第八条 设计人应当按照《关于商品和服务实行明码标价的规定》，告知发包人有关服务项目、服务内容、服务质量、收费依据以及收费标准。

第九条 建筑装饰工程设计费的币种、金额以及支付方式，由发包人和设计人在《建筑装饰工程设计合同》中约定。

第十条 设计人提供的设计文件，应当符合国家规定的工程技术质量标准，满足合同约定的内容、质量等要求。

第十一条 由于发包人原因造成的建筑装饰设计工作量增加，发包人应当向设计人支付相应的工程设计费。

第十二条 建筑装饰工程设计质量达不到本规定第十条规定的，设计人应当返工。由于返工增加工作量的，发包人不再另外支付设计费。由于设计人工作失误给发包人造成经济损失的，应当按照合同约定承担赔偿责任。

第十三条 本规定及《建筑装饰设计收费标准》，由中国建筑装饰协会设计委员会负责解释。

第十四条 本规定自2014年12月10日起施行。

目　录

按建筑装饰工程造价收费的标准

1　总则 …… 2
2　建筑装饰工程设计 …… 4
3　建筑装饰设计收费基价 …… 6

按建筑装饰工程设计面积收费的标准

1　总则 …… 8
2　按建筑装饰工程设计面积收费的标准 …… 9

附件：建筑装饰工程设计合同 …… 10

按建筑装饰工程造价收费的标准

1 总 则

1.1 建筑装饰设计收费是指设计人根据发包人的委托，提供编制工程项目方案设计文件、施工图设计文件、非标准设备设计文件、施工图预算文件、竣工图文件等服务所收取的费用。

1.2 建筑装饰设计收费采取按照工程项目概算投资额分档定额的计费方法计算收费。

1.3 建筑装饰设计收费按照下列公式计算：

1.3.1 工程设计收费＝工程设计收费基准价×(1±浮动幅度值)

1.3.2 工程设计收费基准价＝基本设计收费＋其他设计收费

1.3.3 基本设计收费＝工程设计收费基价×专业调整系数×工程复杂程度调整系数×附加调整系数

1.4 工程设计收费基准价

工程设计收费基准价是按照本收费标准计算出的工程设计基准收费额，发包人和设计人根据实际情况，在规定的浮动幅度内协商确定工程设计收费合同额。

1.5 基本设计收费

基本设计收费是指在工程设计中提供编制方案设计、初步设计文件、施工图设计文件收取的费用，并相应提供设计技术交底、解决施工中的设计技术问题、竣工验收等服务。

1.6 其他设计收费

其他设计收费是指根据工程设计实际需要或者发包人要求提供相关服务收取的费用，包括总体设计费、主体设计协调费、采用标准设计和复用设计费、施工图预算编制费、竣工图编制费等。

1.7 工程设计收费基价

工程设计收费基价是完成基本服务的价格。工程设计收费基价在表4《建筑装饰设计收费基价表》中查找确定，计费额处于两个数值区间的，采用直线内插法确定工程设计收费基价。

1.8 工程设计收费计费额

工程设计收费计费额为经过核准的工程项目设计概算中的建筑装饰工程费、设备与工器具购置费和联合试转运费之和。

工程中有利用原有设备的，以签订工程设计合同时同类设备的当期价格作为工程设计收费的计费额；工程中有缓配设备，但按照合同要求以既配设备进行工程设计并达到设备安装和工艺条件的，以既配设备的当期价格作为工程设计收费的计费额；工程中有引进设备的，按照购进设备的离岸价折换成人民币作为工程设计收费的计费额。

1.9 工程设计收费调整系数

工程设计收费标准的调整系数包括：专业调整系数、工程复杂程度调整系数和附加调整系数。

1.9.1 专业调整系数是对不同专业建设项目的工程设计复杂程度和工作量差异进行调整

的系数。计算建筑装饰设计收费时，专业调整系数均按1.0计算。

1.9.2 工程复杂程度调整系数是对同一专业不同建设项目的工程设计复杂程度和工作量差异进行调整的系数。工程复杂程度分为一般、较复杂和复杂三个等级，其调整系数分别为：一般（Ⅰ级）0.85；较复杂（Ⅱ级）1.0；复杂（Ⅲ级）1.15。计算工程设计收费时，工程复杂程度在表2《建筑装饰工程复杂程度表》中查找确定。

1.9.3 附加调整系数是对专业调整系数和工程复杂程度调整系数尚不能调整的因素进行补充调整的系数。附加调整系数分别列于总则和表3《建筑装饰工程附加调整系数表》中查找确定。附加调整系数为两个或两个以上的，附加调整系数不能连乘。应将各附加调整系数相加，减去附加调整系数的个数，加上定值1，作为附加调整系数值。

1.10 改扩建和技术改造装饰工程项目，附加调整系数为1.1～1.4。根据装饰工程设计复杂程度确定适当的附加调整系数，计算装饰工程设计收费。

1.11 初步设计之前，根据技术标准的规定或者发包人的要求，需要编制总体设计的，按照该建设项目基本设计收费的5%加收总体设计费。

1.12 建设项目工程设计由两个或者两个以上设计人承担的，其中对建设项目工程设计合理性和整体性负责的设计人，按照该建设项目基本设计收费的5%加收主体设计协调费。

1.13 工程设计中采用标准设计或者复用设计的，按照同类新建项目基本设计收费的30%计算收费；需要对原设计做局部修改的，由发包人和设计人根据设计工作量协商确定工程设计收费。

1.14 编制工程施工图预算的，按照该建设项目基本设计收费的10%收取施工图预算编制费；编制工程竣工图的，按照该建设项目基本设计收费的8%收取竣工图编制费。

1.15 建筑装饰设计中采用设计人自有专利或者专有技术的，其专利和专有技术收费由发包人与设计人协商确定。

1.16 建筑装饰设计中的引进技术需要境内设计人配合设计的，或者需要按照境外设计程序和技术质量要求由境内设计人进行设计的，工程设计收费由发包人与设计人根据实际发生的设计工作量，参照本标准协商确定。

1.17 由境外设计人提供设计文件，需要境内设计人按照国家标准规范审核并签署确认意见的，按照国际对等原则或者实际发生的工作量，协商确定审核确认费。

1.18 设计人提供设计文件的标准份数，方案设计为3份，初步设计、总体设计分别为8份，施工图设计、非标准设备设计、施工图预算、竣工图分别为8份。发包人要求增加设计文件份数的，由发包人另行支付印制设计文件工本费。工程设计中需要购买标准设计图的，由发包人支付购图费。

1.19 本标准不包括本总则第1.1条以外的其他服务收费。其他服务收费，国家有收费规定的，按照规定执行；国家没有收费规定的，由发包人与设计人协商确定。

2 建筑装饰工程设计

2.1 建筑装饰工程设计范围

适用于建筑装饰工程设计及相关服务。建筑装饰工程设计包含：室内装修、室内装饰、建筑外观设计等相关内容。

2.2 建筑装饰工程各设计阶段工作量比例

建筑装饰工程各设计阶段工作量比例表 **表1**

工程类型 \ 设计阶段		方案设计		施工图设计	
		概念设计（%）	方案设计（%）	初步设计（%）	施工图设计（%）
建筑装饰工程	Ⅰ级		50		50
	Ⅱ级	20	30	20	30
	Ⅲ级	20	30	25	25

注：提供两个以上设计方案，且达到规定内容和深度要求的，从第二个设计方案起，每个方案按照方案设计费的50%另收方案设计费。

2.3 建筑装饰工程复杂程度

建筑装饰工程复杂程度表 **表2**

等级	工程设计条件
Ⅰ级	1. 功能单一、技术要求简单的小型公共建筑的建筑装饰工程，如：相当于二星级酒店及以下标准的住宅、办公楼、商店、图书馆、餐厅等 2. 简单的设备用房及其他配套用房工程 3. 简单的建筑室外装饰工程
Ⅱ级	1. 大中型公共建筑的建筑装饰工程，如：相当于三星级酒店标准的高档住宅、酒店、办公楼、影剧院、游乐场、商场、图书馆、咖啡厅等 2. 技术要求较复杂或有地区性意义的小型公共建筑工程 3. 仿古建筑、一般标准的古建筑、保护性建筑以及地下建筑工程 4. 一般标准的建筑室外装饰工程
Ⅲ级	1. 高级大型公共建筑的建筑装饰工程，如：相当于四、五星级及以上标准的豪华住宅及别墅、酒店、会所、夜总会、餐厅、博物馆、办公楼、医院、航空港、商业空间等 2. 技术要求复杂或具有经济、文化、历史等意义的省（市）级中小型公共建筑工程 3. 高标准的古建筑、保护性建筑和地下建筑工程 4. 高标准的建筑室外装饰工程 5. 高级特殊声学装修工程

注：大型建筑工程指建筑装饰工程设计面积20001m^2以上的建筑，中型指5001～20000m^2的建筑，小型指5000m^2以下的建筑。

2.4 建筑装饰设计的附加系数

建筑装饰设计相关工程的附加系数表 **表3**

序号	相关工程类别或服务内容	计费额	附加调整系数
1	建筑装饰设计	建筑装饰设计概算	1.5
2	机电设备专业二次深化设计	建筑装饰设计概算	1.2～1.3
3	室内家具、陈设艺术设计(深度为方案阶段)	建筑装饰设计概算	1.1～1.3
4	建筑环境艺术照明设计	建筑装饰设计概算	1.2～1.3
5	建筑外装饰设计(深度为方案阶段)	建筑装饰设计概算	1.1
6	建筑标识系统设计(深度为方案阶段)	建筑装饰设计概算	1.1

注：1. 古建筑、仿古建筑、保护性建筑等，根据具体情况，附加调整系数为1.3～1.6。

2. 智能建筑弱电系统设计，以弱电系统设计概算为计费额，附加调整系数为1.3。

3. 特殊声学装修设计，以声学装修的设计概算为计费额，附加调整系数为2.0。

3 建筑装饰设计收费基价

建筑装饰设计收费基价表(单位：万元) **表 4**

序 号	计费额	收费基价
1	200	9.0
2	500	20.9
3	1000	38.8
4	3000	103.8
5	5000	163.9
6	8000	249.6
7	10000	304.8
8	20000	566.8
9	40000	1054.0
10	60000	1515.2
11	80000	1960.1
12	100000	2393.4
13	200000	4450.8

注：计费额＞200000 万元的，由发包人与设计人双方协商确定设计费。

按建筑装饰工程设计面积收费的标准

1 总 则

1.1 建筑装饰设计收费是指设计人根据发包人的委托，提供编制工程项目方案设计文件、施工图设计文件、非标准设备设计文件、施工图预算文件、竣工图文件等服务所收取的费用。

1.2 按建筑装饰工程设计面积收费的标准见表5。

1.3 建筑装饰工程不同设计阶段的工作量比例可参照表1。

1.4 发包方与设计人可根据委托项目的设计面积、复杂程度、建筑类型协商确定收费额。建筑装饰工程复杂程度可参照表2。

1.5 编制工程施工图预算的，按照该建设项目协商设计收费的8%收取施工图预算编制费；编制工程竣工图的，按照该建设项目协商设计收费的7%收取竣工图编制费。

1.6 设计人提供设计文件的标准份数，方案设计为3份，初步设计、总体设计分别为8份，施工图设计、非标准设备设计、施工图预算、竣工图分别为8份。发包人要求增加设计文件份数的，由发包人另行支付印制设计文件工本费。

1.7 本收费标准不包括本总则第1.1条以外的其他服务收费。其他服务收费，国家有收费规定的，按照规定执行；国家没有收费规定的，由发包人与设计人协商确定。

2　按建筑装饰工程设计面积收费的标准

按建筑装饰工程设计面积收费标准　　**表 5**

项目类别	Ⅰ级 收费标准(元/m²)	Ⅱ级 收费标准(元/m²)	Ⅲ级 收费标准(元/m²)
酒店	100	200	400
商业	80	150	220
办公	80	120	180
展陈	200	300	420
文体	80	120	180
餐饮	100	200	400
娱乐	100	200	400
交通	60	100	170
医疗	60	100	170
住宅	150	450	1000～1200
会所	300	500	1000～1200

注：1. 如业主指定设计师，则按上述报价上浮10%～20%。

2. 项目分类可参照以下说明：

酒店类：各类星级酒店、精品酒店、主题酒店、度假酒店和快捷酒店等。

商业类：购物中心、商业步行街、大中型商场、超级市场及专卖店、零售商店等。

办公类：办公楼、企业总部、银行及金融机构办公楼、各类写字楼等。

展陈类：博物馆、纪念馆、美术馆、规划馆、科技馆、展览馆等。

文体类：会议中心、图书馆、影剧院、音乐厅、体育场馆、学校、宗教建筑等。

餐饮类：宴会厅、餐厅、咖啡厅、茶馆、连锁餐饮店等。

娱乐类：主题娱乐空间、健身、养生、酒吧、洗浴中心、歌舞厅等。

交通类：机场航站楼、轨道交通站房、长途汽车站、水岸空间等。

医疗类：医院、门诊楼、住院部及综合医疗场所，各类康复中心、养老院等。

住宅类：各类住宅、公寓、别墅、四合院等居住空间。

会所类：各类会所、商住展示样板间房等。

附件

建筑装饰工程设计合同

工 程 名 称：________________

工 程 地 点：________________

合 同 编 号：________________

设计证书等级：________________

发　包　人：________________

设　计　人：________________

签 订 日 期：________________

中国建筑装饰协会　监制

目　录

1 合同依据 …… 12
2 工程概况 …… 12
3 设计范围、阶段划分、设计深度、设计规范及设计服务 …… 12
4 设计费及支付 …… 13
5 发包人应向设计人提交的有关资料及文件 …… 14
6 设计人应向发包人交付的设计资料及文件 …… 14
7 发包人责任 …… 14
8 设计人责任 …… 15
9 违约责任 …… 16
10 其他 …… 16

发包人：____

设计人：____

发包人委托设计人承担“____________________”工程设计，经双方协商一致，签订本合同。

1 合同依据

本合同依据下列文件签订：

1.1 《中华人民共和国合同法》、《中华人民共和国建筑法》、《建设工程勘察设计管理条例》、《建筑工程设计文件编制深度规定》(2008)。

1.2 国家及地方有关建设工程勘察设计管理法规和规章。

1.3 建设工程批准文件。

2 工程概况

(1)工程名称：____________________

(2)工程地址：____________________

(3)项目规模：总建筑面积______ m^2，室内设计面积______ m^2(其中地上约______ m^2，地下约______ m^2)

(4)该项目主要使用功能：______________________________

(5)投资估算：约______万元人民币

3 设计范围、阶段划分、设计深度、设计规范及设计服务

3.1 设计范围

本合同设计范围为：(在下列内容中打“√”选择，不选择的项目打“×”)

☐ 建筑室内装饰设计；

☐ 给水排水、暖通空调、建筑电气的末端元器件配合设计；

☐ 给水排水、暖通空调、建筑电气的系统改造设计；

☐ 智能化专项设计；

☐ 厨房工艺设计；

☐ 专业照明设计；

☐ 家具设计与选型；

☐ 陈设配饰设计与选型；

☐ 室内建筑声学设计；

☐ 装修引起的结构修改设计；

☐ 室内幕墙设计(玻璃、石材等幕墙设计)；

☐ 舞台机械设计；

☐ 舞台灯光设计；

☐ 设计概算；

☐ 施工图预算；

□ BIM 验证设计；

□ 特殊工艺设计。

不含煤气等其他当地管理部门限制的特殊专业设计；不含超越设计人资质范围的专业设计。

3.2 设计阶段

包括方案设计阶段、初步设计阶段、施工图设计阶段。

3.3 设计深度

满足 2008 年 11 月住房和城乡建设部颁发的《建筑工程设计文件编制深度规定》。

3.4 设计规范

本合同设计采用中华人民共和国现行的相关规程和规范。

3.5 设计服务

解决施工中与设计相关的技术问题，解答业主咨询的与设计相关的技术问题。

4 设计费及支付

4.1 本合同暂定设计费为__________元(大写：____________________)。

详见下表

序号	分项目名称	建设规模		设计阶段及内容			设计费(万元)
		投资额度（万元）	设计面积（m^2）	方案	初步设计	施工图	
1							
2							
3							
合计							
说明							

4.1.1 包含设计方人员赴工地现场的旅差费____人次日，每人每次不超过 2 天。

超过约定人次日赴项目现场所发生的费用(包括且不限于往返机票费、机场建设费、交通费、食宿费、保险费等)和人工费由发包人方另行支付。

4.1.2 长期驻现场的设计工地代表的技术服务费由发包人另行支付。

4.1.3 以建筑面积收取设计费时，当项目实际设计面积与合同设计面积不符时，按实际设计的建筑面积核算设计费，多退少补。

4.2 付费进度

付费次序	占总设计费%	付费额(万元)	付费时间
第一次付费	20%定金		合同签订后3日内
第二次付费	30%		方案提交后3日内
第三次付费	20%		初步设计文件提交后____日内
第四次付费	25%		施工图设计文件提交后____日内
第五次付费	5%		工程竣工验收前

注：合同履行完毕后，定金抵作设计费。

5 发包人应向设计人提交的有关资料及文件

序号	资料及文件名称	份数	提交日期	有关事宜
1	项目立项报告和审批文件	各1	方案开始三天前	
2	设计任务书	1	方案开始三天前	
3	项目建筑设计全套图纸(含CAD文件)	1	方案开始三天前	
4	方案设计确认单(含初步设计开始设计指令)	1	初步设计开始三天前	
5	初步设计确认单(含施工图开始设计指令)	1	施工图设计开始三天前	
6	其他设计资料	1	各设计阶段设计开始三天前	
7	竣工验收报告	1	工程竣工验收通过后5日内	

6 设计人应向发包人交付的设计资料及文件

序号	资料及文件名称	份数	提交日期	有关事宜
1	方案设计文件	3	合同签订后____天	
2	初步设计文件	8	在相关部门批准方案设计文件后____天	
3	施工图设计文件	8	在相关部门批准扩初文件后____天	

注：1 在发包人方所提供的设计资料(含设计确认单及开始下一阶段设计指令等)能满足设计人进行相应阶段设计的前提下方开始计算该阶段的设计时间。
2 上述设计时间不包括国家法定的节假日。
3 设计周期不包括设计人提交阶段性设计成果后发包人审核与反馈意见的时间以及相关部门对设计成果的审批时间。

7 发包人责任

7.1 发包人按本合同第5条规定的内容，在规定的时间内向设计人提交基础资料及文件，并对其完整性、正确性及时限负责。发包人不得要求设计人违反国家有关标准进行设计。

发包人提交上述资料及文件超过规定期限 10 天以内，设计人按本合同第 4 条规定交付设计文件时间顺延；超过规定期限 10 天以上时，设计人员有权重新确定提交设计文件的时间。

7.2 发包人变更委托设计项目、规模、条件，或因提交的资料错误以及所提交资料有较大修改，造成设计人设计需返工时，双方除需另行协商签订补充协议(或另订合同)、重新明确有关条款外，发包人应按设计人所耗工作量向设计人增付设计费。

在未签订合同前，发包人已同意设计人为发包人所做的各项设计工作，应按收费标准计算相应费用，并在合同签订后 7 天内予以支付。

7.3 发包人要求设计人比合同规定时间提前交付设计文件时，如果设计人能够做到，发包人应根据设计人提前投入的工作量，向设计人支付赶工费，赶工费的标准为：________元/天。

7.4 发包人应为派赴现场处理有关设计问题的工作人员提供必要的工作、生活及交通等方便条件。

7.5 发包人应保护设计人的投标书、设计方案、文件、资料图纸、数据、计算软件和专利技术。未经设计人同意，发包人对设计人交付的设计资料及文件不得擅自修改、复制、向第三人转让或用于本合同以外的项目，如发生以上情况，发包人应负法律责任，设计人有权向发包人提出索赔。

7.6 发包人确认设计方案后，由于非设计人的原因，发包人要求修改设计方案，修改设计的费用参照合同设计收费标准，由双方协商确定。

8 设计人责任

8.1 设计人应按国家规定的技术规范、标准、规程及发包人提出的设计要求进行工程设计，按合同规定的进度要求提交质量合格的设计资料，并对其负责。

8.2 设计人采用的主要技术标准是：国家设计规范、行业设计标准及技术措施。

8.3 设计人按本合同第 3 条和第 5 条规定的内容、进度及份数向发包人交付资料及文件。如发包人书面要求设计人提供电子文件时，设计人原则上仅提供 PDF 版电子设计文件(发包人需签收)。

8.4 设计人交付设计资料及文件后，按规定参加有关的设计审查，并根据审查结论负责对不超出原定范围的内容做必要调整补充。设计人按合同规定时限交付设计资料及文件，本年内项目开始施工，负责向发包人及施工单位进行设计交底、处理有关设计问题和参加竣工验收。在一年内项目尚未开始施工，设计人仍负责上述工作，但应按所需工作量向发包人适当收取咨询服务费，收费额由双方商定。

8.5 设计人应保护发包人的知识产权，不得向第三人泄露、转让发包人提交的产品图纸等技术经济资料。如发生以上情况并给发包人造成经济损失，发包人有权向设计人索赔。

8.6 通过设计洽商能解决的设计修改，不再另行收取设计费。若发包人要求设计的建筑功能、装饰风格、机电系统等修改或同一处做第二次修改，则双方协商，设计人收取修改设计费。

9 违约责任

9.1 在合同履行期间，发包人要求终止或解除合同的，设计人不退还发包人已付的定金。同时发包人应根据设计人已进行的实际工作量支付设计费，不足一半时，按该阶段设计费的一半支付；超过一半时，按该阶段设计费的全部支付。

9.2 发包人应按本合同第4条规定的金额和时间向设计人支付设计费，每逾期支付一天，应承担逾期部分金额千分之二的逾期付款违约金。逾期超过30天以上时，设计人有权暂停履行下阶段工作，并书面通知发包人。

发包人的上级主管单位或设计审批部门对设计文件不审批，或者本项目停建或缓建超过____天的，及在设计人提交相应阶段的设计文件后的____天内，发包人仍未向设计人提交该阶段设计成果的批准文件或开始下一阶段设计工作的书面通知的，发包方应按照本合同9.1条约定支付设计费。

9.3 设计人对设计资料及文件出现的遗漏或错误负责修改或补充。由于设计人员错误造成工程质量事故损失的，设计人除负责采取补救措施外，应免收直接受损失部分的设计费。

9.4 由于设计人自身原因，延误了按本合同第4条规定的设计资料及设计文件的交付时间，每延误一天，应减收该阶段应收设计费的千分之二。

9.5 合同生效后，设计人因可归责于自身的原因单方终止或解除合同的，设计人应双倍返还发包人已支付的定金。

10 其他

10.1 发包人要求设计人派专人留驻施工现场进行配合与解决有关问题时，双方应另行签订补充协议或技术咨询服务合同。

10.2 设计人为本合同项目所采用的国家或地方标准图，由发包人自费向有关出版部门购买。本合同第6条规定设计人交付的设计资料及文件份数超过《工程设计收费标准》规定的份数，设计人另收工本费。

10.3 本工程设计资料及文件中，建筑材料、建筑构配件和设备，应当注明其规格、型号、性能等技术指标，设计人不得指定生产厂、供应商。发包人需要设计人的设计人员配合加工订货时，所需要费用由发包人承担。

10.4 发包人委托设计人配合引进项目的设计任务，从询价、对外谈判、国内外技术考察直至建成投产的各个阶段，应吸收承担有关设计任务的设计人员参加。出国费用，除制装费外，其他费用由发包人支付。

10.5 发包人委托设计人承担本合同内容以外的工作服务，另行支付费用。

10.6 由于不可抗力因素致使合同无法履行时，双方应及时协商解决。

10.7 本合同项下所有文件可通过专人送达，也可以通过特快专递或传真送达下列指定的地址、传真机和收件人。

发包人：

通讯地址：

收件人：
电话：
传真：
邮箱：

设计人：
通讯地址：
收件人：
电话：
传真：
邮箱：

10.8 本合同发生争议时，双方当事人应及时协商解决。协商不成时，双方当事人同意由________________仲裁委员会仲裁。

10.9 本合同一式捌份，发包人肆份，设计人肆份。

10.10 本合同经双方签字盖章后生效。

10.11 本合同生效后，按规定到项目所在地省级建设行政主管部门规定的审查部门备案。双方履行完合同规定的义务后，本合同即行终止。

10.12 本合同未尽事宜，双方可签订补充协议，有关协议及双方认可的来往电报、传真、会议纪要等，均为本合同组成部分，与本合同具有同等法律效力。

10.13 其他约定事项：发包人和设计人对本合同的内容应保密，一方违反签署约定导致对方损失的，应予以赔偿。

（以下无正文）

发包人名称：	设计人名称：
（盖章）	（盖章）：
法定代表人：	法定代表人：
或委托代理人：	或委托代理人：
经办人：	经办人：
签订日期：　年　月　日	签订日期：　年　月　日
住所：	住所：
邮政编码：	邮政编码：
电话：	电话：
传真：	传真：
开户银行：	开户银行：
银行账号：	银行账号：